VOYAGE

A CANTON.

CORRESPONDANCE D'UN ÉLÈVE DE MARINE.

NEVERS,

IMPRIMERIE DE I.-M. FAY, 13, RUE DES ARDILLIERS,

Hôtel de La Ferté.

1851

VOYAGE A CANTON.

VOYAGE

A CANTON.

CORRESPONDANCE D'UN ÉLÈVE DE MARINE.

NEVERS,

IMPRIMERIE DE I.-M. FAY, 13, RUE DES ARDILLIERS,

Hôtel de La Ferté.

1851

VOYAGE A CANTON.

CORRESPONDANCE D'UN ÉLÈVE DE MARINE.

PREMIÈRE LETTRE.

Syrène , 6 janvier 1844.

Comme je vous l'ai déjà dit, nous sommes partis de Brest le 12 décembre, de conserve avec la corvette la *Victorieuse*. A peine étions-nous dans le goulet, qu'un calme, d'autant plus à craindre que le courant était très-fort, nous a mis dans l'impossibilité de gouverner. Nous étions portés irrésistiblement à la côte ; déjà même nous n'étions plus qu'à quelques encâblures des rochers qui la bordent, ainsi que toutes les côtes de la Bretagne, lorsque, pour éviter de jeter l'ancre sur un fond dangereux et avant de tenter cette dernière ressource, notre commandant fit mettre à l'eau toutes les embarcations disponibles; celles-ci, ayant été attachées les unes aux autres et placées en file sur l'avant du bâtiment, parvinrent, au moyen d'un long câble fixé au mât de beaupré, et à force de rames, à changer la direction de la frégate. Deux ou trois heures après, heureux d'en être quittes à si bon marché, nous avions mis à profit une petite brise qui s'était élevée et nous avait permis de gagner le large. Convenez qu'il eût été trop ridicule de terminer dans le goulet une campagne qui devait être si longue.

La brise qui venait de terre était très-faible, et la mer superbe, aussi ne ressentis-je aucun malaise; mais M. de Lagrénée, ses petites-filles, les attachés, les domestiques, les bonnes et bon nombre d'autres personnes étaient malades : Mme de Lagrénée tenait bon. Déjà plusieurs des attachés parlaient de débarquer à Ténériffe; maintenant qu'ils sont guéris ils veulent aller jusqu'à Rio-Janeiro : il est probable qu'à Paris, où ils ont fait tant de fracas avant de partir, on les eût fort plaisantés sur leur prompt retour. Sans vouloir en approfondir les motifs, je pense bien que celui-là est entré pour quelque chose dans leur détermination.

Pour moi, plein d'espoir dans l'avenir, au début d'une carrière aventureuse, je voyais, avec un certain saisissement, s'ouvrir devant mes seize ans, et pour la première fois, l'immensité des mers, et cependant cette belle France que je venais de quitter, mon père, ma mère, tous mes parents, tout cela fuyait rapidement derrière moi, et j'allais me trouver comme seul et sans appui au milieu d'un monde nouveau pour moi.

Le 15 le vent vint à fraîchir, et jusqu'au 18 nous faisions de soixante à soixante-dix lieues marines par jour : alors, la mer étant devenue plus houleuse, il me fallut, ainsi que beaucoup d'autres, payer tribut à son influence ; mais depuis lors je me regarde comme parfaitement aguerri.

Enfin, le 25, après plusieurs alternatives de vent plus ou moins favorable, mais sans avoir fait aucune rencontre digne de remarque, nous arrivâmes en vue de l'île de Ténériffe et mouillâmes en face de Sainte-Croix.

De loin l'aspect qu'offre cette ville est assez pittoresque ; blanche comme la neige et entourée d'une riche végétation, au fond d'un vallon très-riant, elle contraste singulièrement avec les montagnes arides qui l'entourent de toutes parts, semblables à des pyramides entassées les unes sur les autres, et tellement escarpées que c'est à peine si on peut les gravir ; sur le dernier plan apparaît le pic qui les domine toutes, et dont le sommet se perd dans les nues.

A peine étions-nous mouillés, que des embarcations vinrent nous offrir des fruits du pays, des oranges et des bananes ; mais avant de communiquer avec elles, il fallut attendre qu'un de nos canots eût été convenir du salut avec les autorités du pays, qui répondirent qu'elles le rendraient tel que nous le ferions ; cependant elles ont eu assez de peine à nous rendre nos vingt-un coups de canon avec les sept pièces qui se trouvent dans un petit fortin, le seul qui soit armé.

Cette affaire importante ainsi *péniblement* réglée, M. de Lagrénée, sa famille et tous les attachés partirent pour aller visiter le pic ; moitié des officiers et des élèves, dont je faisais partie, nous descendîmes aussi à terre ; mais nous ne pûmes accompagner les premiers, parce que nous devions, dès le soir même, relever à bord nos compagnons de voyage, désireux comme nous de toucher terre, ce qu'ils firent le lendemain. Du reste, il paraît que cette ascension sur le pic a été fatigante, à cause de la chaleur, et accompagnée de quelques dangers.

Les habitants de cette île ont l'air bien misérable, c'est à peine s'ils sont vêtus; quant aux enfants, ils vont entièrement nus, ce qu'excuse, à la vérité, le climat de feu de ce pays : tous sont couleur de bronze; personne n'y parle français, ce qui ne les empêche pas, hommes, femmes et enfants, de demander très-éloquemment la charité, et de suivre opiniâtrément leurs victimes dans les rues jusqu'à ce qu'ils l'aient obtenue.

Un de mes premiers soins fut, après avoir débarqué, de courir, avec quelques-uns de mes jeunes camarades, à la recherche du consul de notre nation, pour aviser avec lui aux moyens de vous faire parvenir ma première lettre ; nous eûmes bientôt reconnu sa demeure, signalée par la présence d'un drapeau troué et décoloré, qui flottait en forme d'enseigne au-dessus du consulat. Là, nous lui remîmes nos lettres, en lui demandant comment elles pouraient parvenir en France; il nous répondit que *probablement* vers le milieu de janvier partirait un bâtiment espagnol pour Cadix, et que de là, *peut-être.....* J'en conclus que ma lettre n'arriverait pas, et je pris, dès-lors, le parti de reprendre plus tard les choses dès l'origine, ce que je fais aujourd'hui.

Ténériffe ne donne pas une haute idée de l'Espagne ni de sa marine. Nous n'y rencontrâmes qu'un mauvais petit brick, dont l'équipage n'avait pas même d'uniforme ; cependant son peu d'apparence ne m'a pas semblé motiver l'impolitesse ou plutôt l'insulte que nous lui avons faite. Le 31 on fêtait je ne sais quoi à Sainte-Croix, mais toute la ville était en émoi. Le petit brick s'étant pavoisé, avait hissé le pavillon français au-dessus du pavillon espagnol, ce qui est la plus grande politesse qu'un navire puisse faire à un navire d'une autre nation. Pour nous, voyant toute la ville en fête, nous nous étions aussi pavoisés, mais sans arborer d'autres couleurs que les couleurs françaises. Le commandant de la *Victorieuse*, plus rapproché du brick espagnol, avait cru devoir lui rendre politesse pour politesse et hisser aussi le pavillon espagnol; mais un ordre parti de la frégate est venu le lui faire amener; alors le pauvre brick fut obligé d'amener à son tour le pavillon français : s'il en eût agi ainsi à notre égard, certainement nous lui en aurions demandé raison. Je ne comprends pas une impolitesse en pure perte; peut-être, cependant, le commandant avait-il des instructions pour s'abstenir de ces sortes de salut et couper court à tout, relativement à l'étiquette; je m'incline donc devant ce que je ne comprends pas.

Pour ménager notre vin de campagne, on avait acheté du vin de Madère; mais comme on n'a jamais le droit de diminuer la ration sous prétexte de la bonté du vin, il se trouva que notre équipage, au bout de trois à quatre jours, n'était pas encore habitué au Madère pour ordinaire, et que tous les soirs il se trouvait un peu trop gai; on crut donc plus sain l'usage du vin de France, et l'équipage fut remis à ce régime.

Avant de quitter Ténériffe, je vais vous parler d'un petit incident qui n'a rien de bien extraordinaire en lui-même, mais qui vous donnera une idée de la force qu'on peut obtenir avec deux cents hommes rangés autour d'un cabestan : voulant relever notre ancre, il se trouva qu'elle était engagée dans une anfractuosité de rocher : après bien des essais inutiles, il fallut employer toute la force dont on pouvait user; mais alors l'ancre se cassa et l'on en laissa une partie au fond de la mer. Heureusement, nous avons quatre ancres de rechange, et nous pourrons d'ailleurs réparer cette perte à Rio.

14 janvier. Par 0" 45' latitude nord , 23" longitude.

P. S. Voici qu'un vaisseau marchand anglais , venant de Canton , chargé de thé , envoie à bord une embarcation pour demander un médecin pour un officier anglais dangereusement malade. Je lui remets ma lettre : plus heureuse que moi , elle va se rapprocher de vous à chaque instant, tandis qu'à chaque instant je m'en éloigne.

DEUXIÈME LETTRE.

———

26 janvier 1844.

Depuis l'heureuse rencontre que nous avons faite du bâtiment marchand qui doit vous porter ma première lettre, nous avons eu une marche superbe, surtout après être tombés dans les vents alizés qui nous faisaient filer plus de cent lieues de poste par jour, en ligne directe, sans compter les détours. Le calme nous prit ensuite, et c'est à peine si nous avancions, d'autant plus que depuis Brest nous étions obligés de rendre de la toile à la *Victorieuse.*

En attendant mon arrivée à Rio, je vais vous entretenir d'une pêche que nous avons faite ces jours-ci : il s'agit de deux requins pris à l'hameçon : cet animal, pour saisir sa proie, est obligé, à cause de la conformation de sa mâchoire, de se placer au-dessous, puis de se retourner presque le ventre en l'air pour l'avaler ; mais ce que vous ne savez peut-être pas, c'est qu'ayant les yeux placés très-bas et presque en dessous de la tête, il se fait conduire par un pilote, très-joli petit poisson qui nage au-dessus de sa tête en le dirigeant à petits coups de queue. Nous avons pu observer de dessus le pont tout ce manége ; puis le pilote flairer l'amorce, le requin se retourner et l'avaler. Quand une fois le mâle est pris, il paraît qu'on est presque sûr de prendre la femelle. L'équipage s'est régalé, bien entendu, de cette double capture ; pour moi, en ayant goûté, j'en ai trouvé la chair peu succulente.

Vous pensez peut-être que moi et mes pareils avons en mer beaucoup de loisirs ; détrompez-vous cependant, car c'est à peine si nous pouvons consacrer par jour deux ou trois heures à la lecture ou à notre instruction particulière.

Outre notre service de quart, soit de jour, soit de nuit ; outre les corvées générales et particulières, les exercices, les inspections, les observations des astres, les calculs nautiques et la tenue de notre journal de mer, nous avons encore, chacun en notre particulier, quelque mission spéciale ; la mienne, par exemple, consiste à veiller à la propreté des embarcations et à commander trois bouches à feu.

Parmi les passagers se trouvent deux missionnaires qui vont en Chine : on ne se fait pas une idée de leur urbanité et de l'amabilité de leur caractère ; j'ai été assez heureux pour m'en faire aimer, et me félicite bien de les avoir pour compagnons de voyage. Tous les dimanches ils ont pu célébrer le saint sacrifice de la messe dans les appartements de l'ambassadeur.

La chaleur est devenue excessive ; elle est telle que, renfermé au poste, la sueur me coule de tout le corps et inonde la table : quand nous montons sur le pont, à midi, nous n'avons d'autre ombre que celle de nos chapeaux de paille, qui trace un petit cercle autour de nos pieds. Ajoutez à cela que nous sommes à court d'eau; celle que nous avions embarquée à Ténériffe s'étant gâtée, il a fallu ménager celle qui nous restait de Brest, et nous sommes aux trois quarts de ration; heureusement que nous serons bientôt à Rio.

Rio-Janeiro, 7 février.

Nous sommes arrivés à Rio le 28 janvier, après avoir longé pendant un jour et une nuit la côte du Brésil : cette ville est extrêment commerçante. Pour vous donner une idée du mouvement du port, nous sommes entrés en rade en même temps qu'une corvette anglaise, une frégate américaine et cinq ou six bâtiments marchands, pendant qu'il en sortait une corvette anglaise et plusieurs vaisseaux de commerce. Le nombre des navires de toutes sortes qui encombrent la rade est tel qu'on ne peut absolument rien distinguer à travers cette forêt de mâts.

Comme il se trouvait ici bon nombre de navires de guerre de toutes les nations, et que les visites des commandants, ou les moindres marques de polisesse qu'ils veulent se rendre, se traduisent et s'expriment en coups de canon, je suis sûr que dès le premier jour nous en avons tiré plus de cent. Nous avons trouvé tout le monde très-bienveillant pour nous, surtout les Américains; il est vrai que nous sommes les plus forts en rade.

Depuis notre arrivée, nous avons vu entrer l'*Africaine*, frégate française, allant à Buenos-Ayres et à Montévideo, et nous nous y sommes rencontrés avec la *Zélée*, corvette française, allant à Bourbou. Sur ce bâtiment se trouvait un élève de ma promotion, qui venait d'avoir quelques jours auparavant la main engagée dans une poulie du petit hunier, en prenant un ris pendant la nuit, et cela pour n'avoir pas entendu le commandement : *Hisse les huniers ;* il a été horriblement mutilé, et on a été obligé de faire l'amputation de deux doigts : des accidents de ce genre sont assez fréquents.

Quoique Rio passe pour une belle ville, et qu'elle le soit malgré son mauvais pavé, cependant je la mets au-dessous de nos belles villes de France ; sa rade est magnifique, mais mal défendue par trois petits fortins qu'une frégate écraserait ou éviterait facilement. Ce qui me plaît surtout à Rio, c'est que tout le monde y parle français : quant à nos matelots, ils sont comme en pays de Cocagne, se régalant pour quelques sous d'oranges, d'ananas, de noix de kajou, de bananes, de cocos, etc.

De deux jours l'un nous avons notre liberté. J'en profite pour visiter, avec quelques-uns de mes compagnons de voyage, les curiosités du pays : une de mes dernières excursions a failli me coûter cher.

Le 6 au matin, un officier de bord, nos deux missionnaires, quelques autres personnes et moi, nous nous mîmes en route pour escalader un pic élevé, où nous arrivâmes à sept heures et demie du matin, après six heures de marche, en suivant des sentiers tortueux et très-raides, tracés au milieu d'une forêt touffue. Là, après avoir admiré un instant le magnifique panorama qui se déroulait sous nos yeux, nous avons déjeûné avec les provisions que nous apportaient deux nègres.

Le sommet de ce pic est composé de deux roches immenses, séparées par une crevasse de trente à quarante pieds de profondeur et d'environ quinze de large. Un empereur brésilien, voulant gravir sur la deuxième roche qui masque un peu la première, avait fait jeter un pont-levis sur cette coupure ; mais depuis lors ce pont a été brûlé par suite d'un incendie qui a dévoré la forêt environnante. Personne, disait-on, n'y était monté depuis, et l'on regardait comme impossible d'y parvenir ; c'est pourquoi j'ai voulu y aller.

Cependant, mes compagnons de promenade s'étaient couchés et dormaient profondément ; voyant qu'il y avait impossibilité absolue, soit de franchir la crevasse, soit d'y descendre pour en ressortir ensuite, j'essayai de la tourner. Pour cela, me laissant glisser à plat-ventre, je descendis latéralement, en me retenant à des herbes, jusqu'à ce que, jugeant que je devais être à peu près à la hauteur du fond de la crevasse, je voulus m'avancer horizontalement ; mais je me trouvai obligé de suivre le rebord d'une roche, sur lequel je ne pouvais m'avancer qu'en me traînant sur les pieds et les mains, à cause d'une saillie du rocher supérieur. Peu à peu mon sentier se rétrécissait et s'inclinait davantage du côté du précipice ; à chaque pas je me retenais à quelques herbes : tout à coup je les sens céder ; je regarde derrière moi, c'est à peine si je pouvais distinguer la plaine qui s'étendait verticalement au-dessous de mes pieds. Quoique j'aie l'habitude de regarder en bas d'une certaine hauteur, je sentis le vertige s'emparer de moi ; je crus ne plus revoir la France. La Sainte-Vierge vint, je pense, à mon secours ; ce qu'il y a de sûr, c'est qu'il ne me restait plus qu'une ressource, et qu'elle me réussit. J'avais heureusement apporté un bâton qui, pour le moment, était à côté de moi ; me sentant descendre et glisser malgré mes efforts, n'ayant plus que quelques pieds à parcourir pour rouler ou plutôt tomber verticalement du haut du pic dans la plaine, je lâche une de mes mains, et saisissant rapidement mon bâton, je le fais passer derrière mon dos, pendant que je glisse de plus en plus, afin de m'en faire un point d'appui, si par hasard il rencontrait quelque anfractuosité de rocher propre à l'arrêter ; c'est ce qui arriva, et il en était temps. Jugez avec quel bonheur je sentis un point de résistance sous ma main ; je pus alors me relever et atteindre un buisson qui était au-dessus de ma tête. Après avoir repris haleine, et jugeant qu'il était plus facile de continuer que de revenir par le même chemin, j'arrivai sans grande difficulté au but de ma promenade ; puis ayant rejoint mes compagnons, je vous assure qu'on m'aurait payé bien cher pour me faire recommencer.

Rio, 9 février 1844.

Plusieurs des attachés, dit-on, et surtout de leurs domestiques, se trouvent dégoûtés de la navigation et retournent en France par le même bâtiment qui vous portera cette lettre. Je le conçois, jusqu'à un certain point, de la part de ces derniers, car il est impossible d'être plus mal qu'ils ne sont à bord. Le bâtiment qui les emporte s'appelle l'*Aimable Pauline*, nom qui lui portera bonheur, ainsi qu'à ma lettre, sur laquelle je fais plus de fond que sur celle de Ténériffe.

Nous pensons rester ici jusqu'au 20, à cause des travaux que nécessite une voie d'eau cachée qui s'est ouverte à l'avant de la frégate, et qui donne deux pouces d'eau par heure quand on file plus de neuf nœuds. Nous pensons faire relâche à la ville du Cap, à Bourbon, etc., et revenir par le cap Horn. Si notre voyage doit devenir un voyage de circumnavigation, je m'en féliciterais, car j'aurais ainsi quelque chose de plus à voir ; mais je m'arrête, car pour peu que cela dure, je finirais par trouver le tour du monde trop petit.

Recevez, etc.

TROISIÈME LETTRE.

Syrène, par 35° 2' latitude S. et par 5° 9' long. E.

16 mars 1844.

Comme nous commençons à nous rapprocher du Cap, je sens le besoin de tenir une lettre toute prête pour qu'elle puisse partir aussitôt après mon arrivée, si une occasion se présentait. Je vais donc profiter de mes moments de loisir pour reprendre mon journal au point où je l'avais laissé.

Avant tout, je dois vous dire qu'à Rio même j'ai reçu par la *Recherche*, partie de Brest quinze jours après la *Syrène*, une lettre de vous, datée du 10 décembre, c'est-à dire deux jours avant mon départ; quoi qu'elle ne pût rien m'apprendre de nouveau, c'était une lettre de mes bons parents, et la distance lui donnait bien du prix. Aussi, avec quel bonheur en ai-je rompu le cachet, et puissé-je en recevoir souvent de pareilles!

Le lieutenant de vaisseau, commandant de la *Recherche*, avait été officier de manœuvre sur le *Borda;* aussi nous nous sommes reconnus et retrouvés avec plaisir. C'est, dit-on, un excellent officier, de la promotion de MM. Charner, capitaine de vaisseau, commandant la *Syrène*, et Lainé, contre-amiral; et lui cependant n'est encore que lieutenant de vaisseau. Ainsi va le monde.

Ce contre-amiral Lainé, dont je viens de vous parler, est parti de Rio avec l'*Africaine*, cinq jours avant nous, pour aller dans les parages de Buenos-Ayres, prendre le commandement d'une escadre destinée à intervenir dans les affaires de Montévideo. Il paraît qu'il a été même question de nous diriger avec lui sur Buenos-Ayres, mais le projet n'a pas eu de suite. Aussi, allons-nous poursuivre pacifiquement notre route diplomatique du côté du Céleste-Empire.

Nous sommes donc partis de Rio le 23 février. En le quittant, j'ai dit adieu à un bien beau pays, mais qui pourrait l'être encore davantage, si ses habitants voulaient se donner la peine de l'embellir par la culture. Croiriez-vous que de quelque côté que j'aie tourné mes pas, je n'ai rencontré que des friches immenses, à travers lesquelles, et de distance en distance, croissent spontanément, au milieu des broussailles et de hautes herbes, les plus beaux arbres chargés de fruits appétissants? La nature a tout fait pour ce peuple indolent, et il ne fait rien pour lui-même; c'est au point qu'à Rio, où l'eau douce est rare, on en manquerait totalement, si des moines étrangers ne l'avaient amenée au centre de la ville, en faisant construire à leur frais un aqueduc. Là se battent continuellement, autour de ses rares robinets, une foule de nègres qui s'en disputent la possession. Ce poste n'est pas facile à occuper, je vous assure, et je m'en suis aperçu certain jour de corvée avec douze hommes qui portaient chacun un baril sur la tête; il m'a fallu former en règle le siége de l'aqueduc. Cependant, comme d'une part les nègres redoutent les blancs, et que de l'autre mes hommes, pressés d'en finir, commençaient à jouer du baril, en s'en faisant une arme offensive, nous nous trouvâmes, au bout de quelques instants, maîtres du champ de bataille. Bien entendu que dans cette mêlée d'un nouveau genre, j'ai cherché à compromettre le moins possible la dignité du commandement.

Pendant notre navigation depuis Rio jusqu'ici, le calme nous a souvent arrêtés, et jamais nous n'avons eu un coup de vent sérieux. Cependant nous voici arrivés dans le voisinage du Cap, où l'on prétend qu'ils sont fréquents. A notre départ de Brest, avec un gréement neuf et un équipage à former, nous n'eussions pas été en état de lutter avec avantage contre la tempête; car, outre l'inhabileté des matelots, un gréement neuf a cet inconvénient que les cordages s'allongent par l'effet même de la tempête, et qu'il est très-difficile alors de les raidir; il s'ensuit que la mâture n'étant plus soutenue, s'affaiblit et court de plus grands dangers. Mais maintenant nous voici *parés* à tout, autant qu'on peut l'être, et avons toutes les chances de notre côté.

Au reste, quoique nous n'ayons encore essuyé aucun coup de vent violent, nous jugeons cependant qu'il a dû y en avoir un terrible ces jours passés : car, malgré un calme plat, la houle nous arrive si forte que le navire fatigue beaucoup, et que les voiles frappent les mâts avec un bruit qui fait croire à chaque instant qu'elles se déchirent en deux.

Ce 19 mars.

En partant de Rio, la chaleur était excessive; aussi étions-nous obligés de déserter *le poste*, qui est un endroit absolumenl privé d'air et dont on calfate soigneusement les deux *hublots* en appareillant. Mais, à mesure que nous nous élevions en latitude, la température baissait graduellement, si bien que nous avons été obligés de prendre momentanément la tenue d'hiver.

En ce moment, nous remontons rapidement vers la ligne et allons retrouver le soleil; déjà le thermomètre nous accuse 15° de Réaumur, et lorsque nous serons au Cap, nous aurons, dit-on, le climat de la France, du moins à cette époque de l'année qui pour nous s'appelle et est vériblement pour nous l'*automne*.

Hier, à titre de passe-temps, nous avons simulé un abordage avec la corvette la *Victorieuse;* le branlebas de combat a été ordonné, et en quelques instants deux cents coups de canon ont été tirés. Peut-être quelque bâtiment marchand, passant dans le voisinage, aura-t-il cru à un épouvantable massacre, et assez heureux pour s'esquiver en toute hâte, aura-t-il porté au loin la nouvelle d'une lutte sanglante.

Nos missionnaires, rebutés d'étudier en pure perte dans des livres inintelligibles le chinois mandarin que nous apprenions tous trois en commun, se sont décidés à attendre leur arrivée en Chine, pour se livrer sérieusement à cette étude. A partir du Cap, ils vont laisser pousser leurs moustaches et leurs cheveux, afin de se procurer l'agrément de porter sur la tête une jolie petite queue chinoise, et ne se hasarderont dans l'intérieur des terres qu'après avoir appris à parler couramment le chinois vulgaire et à être originaux en toute leur personne. Ils vont, disent-ils, en Chine pour n'en plus revenir. Bons missionnaires! puisse leur zèle ne pas les tromper dans l'intérêt des populations qu'ils vont gagner à Jésus-Christ! L'un d'eux, M. Gouette, est un ancien élève de l'école polytechnique, puis de l'école des mines. Quelle science et quelle modestie!

Cap, 24 mars 1844.

Nous voici arrivés au Cap deux jours plus tard que nous n'avions calculé. Heureusement la frégate l'*Erigone*, qui arrive de Chine, nous avait aperçus avant-hier, et a retardé son départ pour prendre langue avec nous. Elle met immédiatement à la voile, et semble se trouver là juste à point pour vous porter ma lettre; n'ai-je pas bien fait de me tenir sur mes gardes? Cependant peu s'en est fallu qu'elle ne partît sans nous avoir aperçus : car, le 22, nous trouvant à environ deux lieues du mouillage, sur les quatre heures du soir, nous nous sommes tout à coup trouvés enveloppés d'une brume si épaisse qu'un fanal ne se serait pas distingué à quinze pas. En ce moment nous courions sur la terre, entourés de trois bâtiments marchands et suivis de notre corvette. Pour éviter la côte, ou des abordages entre nous, il a fallu promptement virer de bord et prendre les précautions usitées en pareil cas. Voici en quoi elles consistent :

On a fait monter sur le pont les tambours et les clairons; là, tour à tour ces deux bruyants orchestres, accompagnés du tintement de la cloche, nous donnaient sans relâche une musique digne des oreilles chinoises, quand ils veulent conjurer le dragon qui dévore leur lune. On a soin, dans ces occasions, que certaines notes conventionnelles plus bruyantes que les autres, servent à indiquer que l'on court tantôt vent arrière, tantôt vent en travers. C'est ainsi que toute la nuit se passa à virer de bord, à manœuvrer tantôt à droite, tantôt à gauche, et à faire un vacarme épouvantable. De temps en temps nous entendions la musique plus ou moins rapprochée des bâtiments qui passaient à côté de nous, dans diverses directions; à la rigueur, on aurait pu, dans cette contredanse improvisée, appeler cette figure un chassé-croisé général.

Le lendemain, sur les huit heures du matin, la brume acheva de se dissiper, et nous nous trouvâmes juste à l'endroit où nous étions la veille, tandis que les autres bâtiments avaient disparu. Aussi n'entrèrent-ils dans le port que successivement, même notre corvette n'est arrivée que le lendemain.

Comme je vous l'ai dit, la frégate l'*Erigone* nous attendait. Ce navire de guerre, transformé en hôpital, ramenait en France les nombreux malades de la station de Chine, sous le commandement de M. Roy, qui, dépêché naguères par M. Duperré pour remplacer M. Cécile, commandant de la station, avait vu ses ordres révoqués par l'amiral Mackau, successeur de M. Duperré au ministère de la marine, avant même d'avoir pris possession de son commandement. Cette malheureuse frégate semble destinée à éprouver toute sorte de contretemps, car, après avoir perdu soixante malades sur cent quarante, pendant sa traversée de Chine au Cap, elle a eu dans son équipage un commencement d'insurbordination; puis a été assaillie, il y a quelques jours, par un furieux coup de vent, dont la forte houle qui en avait été la suite, s'était fait sentir jusqu'à nous au large. Duperré, un des élèves du bord, m'a raconté que fuyant devant la lame, avec la seule voile de misaine, vent arrière, cette voile avait été instantanément emportée, en même temps que des vergues et plusieurs pièces de mâture avaient été brisées. La force du vent avait été telle un instant, qu'un canot hissé à bord avait été lancé au large après avoir rompu tous les liens qui le retenaient.

Quant à l'insurbordination dont je vous ai parlé, elle provenait de quelques matelots qui, exaspérés de n'avoir pas mis pied à terre depuis trois ans et demi, et se trouvant monter une embarcation près de la côte, précipitèrent à l'eau l'élève qui les commandait, dans le but probablement de déserter. Ce jeune homme est parvenu à se sauver, mais depuis lors les élèves ne font plus leurs corvées qu'en état de se faire respecter.

Je n'ai que bien peu de chose à vous dire du Cap jusqu'à présent. Cette ville, comme tout le monde le sait, est située au pied d'une montagne à pic, terminée par un plateau en forme de table qui lui a donné son nom. Quoique petite, cette ville est assez jolie; ses rues sont prodigieusement larges et plantées de deux rangées d'arbres; si l'on ne savait pas qu'elle est anglaise, on le reconnaîtrait au macadam de ses rues.

J'espérais qu'au Cap on ne parlerait qu'anglais et que, le parlant forcément, je ferais quelque progrès dans cette langue . mais ne voilà-t-il pas qu'au Cap on parle français presque exclusivement, comme à Rio, comme à Ténériffe. Quelle est donc cette nation qui impose sa langue à tous les peuples, même à ses rivaux et à ses ennemis?

Si le temps me le permet, j'explorerai un peu le pays, pour vous en entretenir une autre fois plus au long; mais pour le moment je n'ai rien de plus pressé que de faire partir ma lettre par l'*Erigone*. Par le plaisir que j'éprouve à la lui confier, je sens le plaisir que vous éprouverez vous-mêmes à recevoir de mes nouvelles.

Nous ne pensons rester ici que peu de jours , puis partir pour Bourbon, où nous ferons un plus long séjour, ayant besoin de renouveler nos provisions en biscuit et surtout en vin. Là, nous retrouverons la *Zélée* qui est partie du Cap avant nous.

Adieu encore une fois , écrivez-moi, écrivez-moi souvent, faites-moi écrire par tous ceux qui s'intéressent à moi. Pensez que tout ce qui vient de vous et de si loin, tout ce qui vient de France est bien doux pour un exilé , séparé des siens et de sa patrie par trois ou quatre mille lieues.

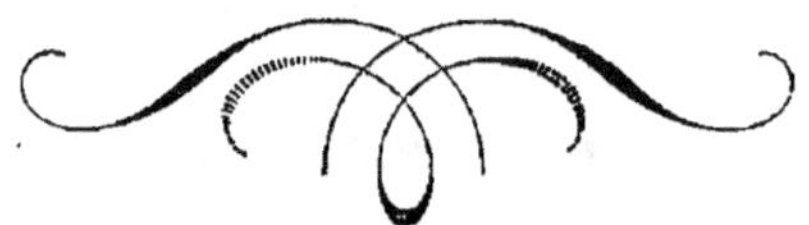

QUATRIÈME LETTRE.

—

Syrène, 29 avril, par 54° 43' 20" de long. E.
et 22° 34' de latit. S.

Dans ma dernière lettre, je n'ai pu vous parler, pour
ainsi dire, que de notre arrivée au Cap, puisque l'*Erigone*,
qui a emporté la correspondance, en partait à peu près au
moment où nous y arrivions ; aussi, quoique ayant déjà fait
depuis lors bien du chemin, je crois devoir retourner en
arrière par la pensée, et vous dire quelques mots sur le
séjour que nous avons fait dans cette ville.

Son climat, généralement tempéré, passe pour très-
sain ; aussi permet-on aux équipages de descendre à terre,
une trentaine par jour environ, ce qu'on s'était bien gardé
de faire à Rio, parce que les excès auxquels se livrent
généralement les matelots après une longue traversée
auraient pu leur être funestes sous un climat si chaud et si

meurtrier; et encore parce que les Américains et les Bré-
siliens font beaucoup de cas de l'activité et de l'adresse
du matelot français et cherchent à l'embaucher partout où
ils le rencontrent; c'est même ce qui est arrivé à la *Zélée*,
qui avait apparemment pris moins de précautions que
nous, et qui a fait quelques pertes en ce genre.

Le 30 mars, on avait remarqué que le grand mât de
hune était un peu *craqué* à la hauteur du *chouque* du bas-
mât; on le changea aussitôt; mais comme il est prudent
d'en avoir toujours un de rechange, on se décida à en
acheter un autre dans la rade voisine, où se trouvent des
pièces de bois en réserve pour les bâtiments anglais.
L'ingénieur que nous y envoyâmes, après avoir rempli sa
mission, s'empressa de nous vanter la beauté et la qualité
de son emplette; puis, lorsque après avoir cassé deux
voitures attelées de dix-huit bœufs, et payé des frais de
route considérables, cette merveille arriva à bord, il se
trouva qu'en l'examinant de plus près, elle était défec-
tueuse de plusieurs manières; d'abord ses dimensions
étaient trop petites à la hauteur des *épaulettes*; outre cela
elle avait une courbure prononcée, et pour terminer, elle
sonnait creux dans presque toute sa longueur, et était
éclatée vers le milieu. En résumé, ce mât nous aura coûté
la bagatelle de 3,000 fr., et nous serons probablement
obligés de le débarquer à Bourbon.

Notre arrivée en rade a été funeste à une industrie
naissante, je veux parler de la fabrication du vin de
Champagne. Il faut d'abord vous dire qu'un malheureux
Français, qui avait fait naufrage en arrivant au Cap, et
qui s'y trouvait sans le sou, avait imaginé de se mettre
marchand de vin de Champagne. Les matières premières
se trouvaient bien sous sa main; c'était donc déjà de gagné
les frais de vendanges et de transport, mais encore fallait-

il quelque argent pour faire aller le commerce. Un vieil Hollandais trouvant l'affaire bonne, lui avait avancé les fonds nécessaires, à condition d'être de moitié dans les bénéfices ; déjà de fortes ventes avaient été faites, lorsque M. de Lagrenée, arrivant malencontreusement, a cru devoir, dans l'intérêt du commerce français, et en sa qualité de ministre, intervenir pour mettre fin à cette industrie d'un genre probablement nouveau en Afrique. Au reste, le Cap aura toujours son vin de Constance et peut se consoler avec lui de la perte du champagne africain.

Je dois maintenant vous parler d'une chasse au tigre ; mais ne vous effrayez pas, je ne suis que simple historien.

Quelques-uns de nos officiers et attachés ont donc voulu aller à la chasse au tigre ; le succès a peut-être dépassé leur attente, car ils en ont rapporté de précieux trophées qui pourront leur servir de souvenirs ; ce sont de belles peaux tannées et préparées d'avance qui n'ont peut-être d'autre défaut que d'avoir été achetées un peu cher. C'est ainsi, à ce qu'on prétend, et s'il était permis de comparer les grandes choses aux petites, qu'il existe aux barrières de Paris des dépôts de lièvres et de perdrix tués d'avance pour le service et la consolation des chasseurs malheureux ; au reste, ils ont été plus heureux à la chasse des pingouins, oiseau tenant un peu du canard, quoique plus gros que lui, et qui se laisse approcher tant qu'on veut, parce qu'il est défendu de le tuer aux environs de la ville, où ses œufs sont très-estimés.

Le 6, nous nous remîmes en route, après avoir fait ample provision de bœufs et de moutons ; ces derniers sont d'une grosseur étonnante ; leur queue, qui ne se compose que d'une pelotte de graisse de plusieurs livres, est très-recherchée pour les usages culinaires, et notamment pour la pâtisserie, ce que je ne dis guère ici que pour mémoire.

Nous avons eu assez de peine à doubler le banc des Aiguilles, parce que le vent était debout. Pendant quinze jours environ, nous avons été assaillis par des gros temps, et la tempête se déchaînant…. Mais toute réflexion faite, je vous ferai grace des détails, car toutes les tempêtes se ressemblent à peu de chose près; et qui n'en a lu vingt fois les récits ? Cependant, je ne puis taire une réflexion, c'est que, quoique l'on prétende qu'un gros temps est quelque chose de beau et d'imposant (ce qui est vrai dans un sens et pour certaines personnes), il est extrêmement désagréable pour un élève de prendre sur le pont un bain de mer continuel, et de glisser tantôt sur la tête, tantôt sur le dos, et tantôt sur le ventre. Décidément et jusqu'à nouvel ordre je n'aime pas les tempêtes : peut-être aussi ce qui contribue pour le moment à m'indisposer contre les tempêtes, c'est que notre pauvre vaisselle en a été toute brisée et qu'il ne nous reste plus *au poste* que quatre verres écornés.

Quoi qu'il en soit, vers le 20, une jolie petite brise étant survenue, nous a fait oublier les fatigues de nos derniers quarts, et m'a donné le loisir de vous écrire ces quelques lignes.

Ile Bourbon, 7 mai.

Nous sommes arrivés ici le 29 avril, ayant, la nuit précédente, pour nous guider, un phare magnifique; je veux parler du volcan de l'île en éruption. Il semblait que nous arrivions juste pour saluer de plusieurs volées de vingt-un coups de canon la fête de Louis-Philippe, et être témoins des réjouissances publiques qui ont eu lieu à cette occasion, et cependant, à bien dire, nous ne l'avions pas fait exprès.

A l'île Bourbon, où nègres et blancs sont en contact continuel, et à une époque où la question de l'affranchissement des esclaves semble devoir bouleverser toutes les colonies, on est étonné de voir les uns et les autres vivre en aussi bonne intelligence ; c'est que les nègres sont enchantés du gouverneur actuel, qui a permis aux gens de couleur de parvenir à certains grades dans les milices (espèce de garde nationale), et que les colons sont persuadés que tant que Louis-Philippe vivra, il ne donnera jamais son assentiment à l'affranchissement complet des esclaves, mesure qui ruinerait de fond en comble la colonie. Au reste, à Bourbon, les esclaves noirs, en cela bien différents de ceux de Rio, sont attachés à leur maîtres, qui les traitent avec bonté ; et il est permis de douter que s'ils venaient à être affranchis, ils en devinssent plus heureux, surtout si cet affranchissement devait être subit. Pour le moment, comme la traite est interdite, on remplace les esclaves qui viennent à mourir par des Chinois qu'on loue très-cher, et qui ne font pas à beaucoup près le même travail. (Il en vient d'arriver une cargaison ces jours-ci.)

Vous ne sauriez vous figurer avec quel plaisir j'ai entendu, en débarquant, tout le monde parler français, vu nos soldats monter la garde absolument comme dans nos garnisons, et retrouvé enfin tous les usages de la mère-patrie. On dirait une province française transplantée à des milliers de lieues au loin dans les mers. Le commerce de cette ville est très-considérable, plus même que celui du Cap. Tous les endroits où l'on pourrait débarquer sont fortifiés, et qui plus est, en état de défense ; une garnison nombreuse y réside, et les tacticiens prétendent qu'elle est en mesure de repousser toute agression, même faite à l'improviste. On pourrait aussi au besoin compter sur la milice, qui semble fortement constituée.

L'île est partout bien cultivée et rapporte toute espèce de fruits ; la culture s'étend jusqu'au pied des montagnes à pic, qui forment le centre de l'île, et qui sont composées d'énormes blocs de pierre volcanique.

Malgré les sarcasmes de nos Parisiens, qui préfèrent à tout une brillante partie de cheval, qu'ils payent chacun une douzaine de francs au moins, je préfère une promenade à pied, qui me permet d'aller partout où je veux ; aussi, accompagné d'un de mes amis, et nous laissant aller à errer à l'aventure, nous gravîmes, petit à petit, les pics qui dominent la ville de Saint-Denis. (Que ce mot de pic ne vous effraie pas, car nous ne sommes plus à Rio, et je suis peut-être un peu plus prudent.) Le hasard nous avait servi, car pendant cette promenade nous avons joui de vues très-variées, admiré les sites les plus pittoresques, en remontant le cours d'une petite rivière qui descend en cascades et fournit, au plus fort de l'été, la ville d'une eau bonne et fraîche.

Arrivé sur le sommet le plus élevé, je fus surpris de trouver une vigie établie au pied d'un mât de signaux ; or, cette vigie est chargée de signaler, non-seulement les bâtiments qui arrivent à quinze et vingt lieues au large, mais encore de communiquer, deux fois par vingt-quatre heures, à la ville de Saint-Paul, l'état de la mer et du vent, au moyen d'une ligne de télégraphes.

L'entretien d'une vigie en ce lieu est de la plus haute importance ; car la côte est découverte et la rade très-dangereuse ; les bâtiments y sont continuellement en péril. Aussi, à un certain signal fait par la vigie, signal qui a lieu lorsque le baromètre baisse subitement, et à plusieurs autres indices, tous les bâtiments sont forcés d'appareiller, sous peine d'être jetés à la côte; et encore quelquefois, malgré ces précautions, n'ont-ils pas le temps de s'éloigner assez vite. Six bâtiments ont péri cette année de la sorte.

Du haut de ce pic, Saint-Denis est charmant; ses rues larges se dessinent gracieusement entre des rangées de maisons en bois peint, parsemées de bouquets d'arbres aux feuillages variés.

Avant de terminer cette lettre, je vous donne en mille à deviner ce que j'ai rencontré en rentrant à Saint-Denis, au retour de ma promenade. Figurez-vous une maison s'avançant majestueusement, traînée par des centaines de nègres; il paraît que cela arrive assez souvent; quand un habitant s'ennuie de loger toujours au même endroit, il peut à son gré transporter sa maison dans un site plus à son goût, ou se rapprocher de ses amis; ce doit être fort commode, surtout quand on a de mauvais voisins.

Saint-Denis, le 10 mai.

Nous venons d'embarquer trente mille kilogrammes de biscuit et cent soixante barils de farine; nous laissons en échange notre fameux mât de 3,000 fr., et comme nous n'en avons pas trouvé d'autre, nous tâcherons de nous contenter du nôtre jusqu'à Singapour, notre première relâche.

La *Recherche* vient d'arriver; mais moins heureuse que nous, elle a éprouvé de fortes avaries, et notamment une voie d'eau qui l'oblige à aller s'abattre en carène à Mayotte, où il existe une rade comparable à celle de Brest, puis elle nous rejoindra quand elle pourra. Un de nos officiers passe sur son bord par suite d'une scène désagréable qu'il a eue avec le capitaine. Pour remplacer momentanément la *Recherche*, nous venons de louer le *Messager*, petit brick de dix canons qui prendra son chargement.

Je n'ai point trouvé ici de vos nouvelles, et cependant je l'espérais ; peut-être en est-il de même de mes lettres, et pourtant je vais toujours de l'avant.

Je pense que le bâtiment qui doit vous porter cette lettre partira le 19 ; pour nous, il est probable que nous serons déjà loin. Malheureusement, c'est à peu près ici ma dernière halte à l'extrémité de la civilisation européenne, et bientôt.... mais n'anticipons pas sur l'avenir qui m'est réservé ; le vague a aussi son charme particulier, et qui sait si ce n'est pas à cause de cela même que je suis marin.

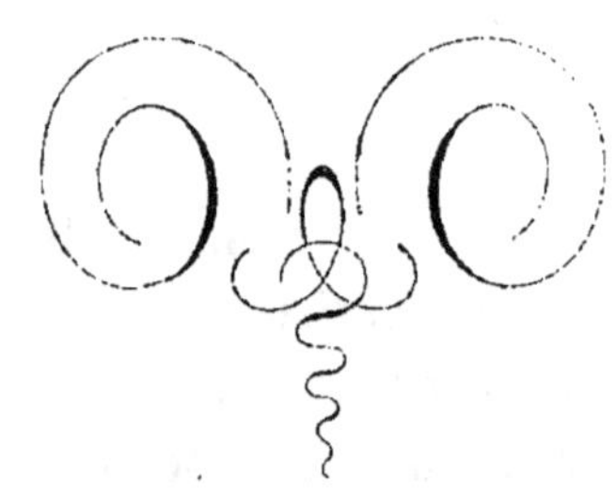

CINQUIÈME LETTRE.

***

Syrène, détroit de Malacca, 24 juin 1844.
Par latitude, 6° 23', long., 96° 46'.

Quoique je vous aie parlé assez longuement, dans ma dernière lettre, de l'île Bourbon, il me semble cependant qu'il me reste encore quelque chose à vous en dire, et c'est ce que je vais faire en peu de mots, avant d'aller plus loin.

A gauche de la ville de Saint-Denis, vue de la mer, se trouve la pointe dite de Sainte-Suzanne, que nous avons longée en arrivant ; c'est une haute colline s'abaissant graduellement en pente douce jusqu'au bord de la mer. Sur toute sa surface et à travers la plus riche végétation, on aperçoit une multitude de petites cases blanches, où demeurent les nègres chargés de la culture des terres ; derrière cette montagne et la ville, mais séparé par une large coupure, apparaît le cap Saint-Bernard, promontoire élevé et inculte qui s'avance au loin dans la mer. Dans le fond de cette coupure coule le magnifique torrent dont je vous ai déjà parlé, et sur les bords duquel se trouvent des jardins très-frais et de nombreuses habitations, d'où on monte à la ville par des sentiers escarpés ou des escaliers taillés dans le roc vif. Les eaux du torrent ont été habilement détournées, et par mille conduits souterrains, se répandent dans toutes les maisons de la ville.

Bourbon a pour gouverneur le contre-amiral Bazoches, et pour commandant militaire un colonel d'artillerie de marine, qui réunit sous ses ordres les troupes de toutes armes qui forment la garnison de l'île. Sur l'invitation de l'amiral, M. de Lagrenée et sa famille furent logés à l'hôtel du gouvernement; le reste de l'ambassade s'installa dans les deux principaux hôtels de Saint-Denis, ceux de Joinville et d'Europe. Tous, au reste, nous avons été accueillis partout de la manière la plus franche et la plus cordiale. Mais cela est-il étonnant? à une si grande distance de la patrie tout compatriote n'est-il pas frère ?

En vous parlant du volcan de l'île, j'avais oublié une particularité qui me revient à la mémoire : c'est que ceux qui faisaient partie de cette excursion, se trouvant surpris la veille au soir par la nuit, à quelques portées de fusil du cratère, se décidèrent à camper où ils se trouvaient, et s'établirent, comme ils l'avaient déjà fait pendant toute la durée de leur expédition, sous une tente qu'ils faisaient porter par des nègres, en même temps que leurs provisions. Après dîner, un nègre fut laissé en faction à la porte; et nos promeneurs de s'endormir; lorsque, sur les dix heures, réveillés en sursaut par les cris de la sentinelle, ils n'eurent que le temps de prendre en toute hâte les effets les plus indispensables à leur toilette, et de fuir à toutes jambes , abandonnant leur tente et le gros de leurs bagages devant un formidable ruisseau de lave qui était près de les atteindre. Force leur fut donc de recevoir, sans abri , une pluie battante qui dura toute la nuit, et qui les accompagna jusqu'au cratère où ils persistèrent à vouloir monter lorsque le jour fut venu.

Le 23 mai , après un séjour de vingt-deux jours dans cette charmante colonie , et après avoir amplement renouvelé nos provisions, nous mîmes à la voile , regrettant cette île plus qu'aucune de nos autres relâches. Le brick de dix le *Messager* nous fut seul adjoint ; car la *Zélée* et la *Sabine* qui devaient nous rallier à Bourbon , se trouvaient , l'une en mission particulière , et l'autre nous attend déjà à Singapour ; quant à la *Recherche* , je vous ai conté sa mésaventure.

Depuis Bourbon nous avons eu un temps magnifique , mais très-chaud , le thermomètre descendant rarement au-dessous de trente degrés à l'ombre. Les vents alisés nous ont conduits jusque sous la ligne, où nous attendaient, suivant l'usage , quelques calmes , entremêlés de brises très-faibles et variables.

Une fois la ligne passée, la mousson du sud-ouest nous a poussés rapidement jusqu'à l'entrée du détroit, où nous sommes arrivés du 14 au 15, après avoir longé l'île de la grande Nicobar. Quant à passer le détroit , c'est une affaire de longue haleine , parce qu'à cause des terres élevées qui existent à droite et à gauche, les calmes y sont fréquents ; certains navires y sont restés jusqu'à trente-sept jours ; pour nous, plus heureux, et laissant derrière nous de nombreux bâtiments moins bien voilés, nous espérons en être bientôt quittes, quoique la faible brise que nous avons vienne directement de Singapour.

Cependant notre malheureux betit brick , malgré tous

ses efforts, restait en arrière et nous faisait perdre à l'attendre plus de dix lieues par jour. Le commandant Charner,
voyant qu'il entravait par trop notre marche, lui donna
enfin *liberté de manœuvre,* ce qui veut dire qu'il lui permit
de voguer seul et pour son compte. Là-dessus nous le
laissons et filons de l'avant. Le lendemain matin nous
voyions poindre à l'horizon notre petit brick qui s'efforçait
d'atteindre un gros trois-mâts anglais qui avait l'air fort
effrayé de cette visite suspecte, et s'efforçait lui-même de
venir se mettre à l'abri sous nos canons, prenant notre
brick pour un des nombreux pirates qui infestent ces mers.
Lorsque le grand jour eut permis à nos longues vues de
mieux distinguer les objets, nous reconnûmes aux signaux
hissés par le brick qu'il n'avait point de cartes du détroit,
et par là fut expliqué son acharnement à suivre le bâtiment
anglais. Nous lui envoyâmes ce dont il avait besoin, mais
toujours est-il que peu s'en est fallu qu'il ne se trouvât
exposé, sans cartes, au milieu des bas-fonds qui obstruent
ce détroit, à un danger réel; car, aujourd'hui notamment
et malgré nos cartes, nous sommes obligés de sonder tous
les quarts-d'heure, par trente et quarante brasses de fond,
et dorénavant nous mouillerons toutes les nuits.

1ᵉʳ juillet, devant Malacca.

Le 29 juin au matin, nous jetâmes l'ancre devant Malacca; quelques instants auparavant, pendant un grain
assez fort, le cri de : *Un homme à la mer,* s'était fait enten-
dre; malheureusement celui-ci, ne sachant pas nager et se

trouvant embarrassé dans de lourds vêtements de toile goudronnée, ne put être secouru ni même retrouvé.

Cet accident déplorable m'en rappelle un autre qui arriva peu après notre départ de Bourbon, mais qui n'eut pas de suites aussi fâcheuses.

Un matelot qui travaillait à *saisir les ancres pour la mer*, tomba à l'eau; cette fois c'était un vieux *loup de mer* qui, sous différents pavillons, a visité tous les coins et recoins du monde entier. Son premier mouvement fut de regarder le grand hunier pour voir si la manœuvre usitée en pareil cas s'effectuait; le résultat de son observation lui ayant paru de bon augure, on le vit enfoncer tranquillement son chapeau sur sa tête, puis sans se donner même la peine de nager pour saisir la bouée, il se contentait d'élever de temps en temps son chapeau en l'air pour se faire voir du canot de sauvetage. Quand il fut à bord, nous apprîmes de lui que ce n'était pas là son coup d'essai en ce genre. Deux autres hommes tombèrent aussi en différentes fois de la mâture, mais se rattrapèrent heureusement à quelques manœuvres.

C'est peut-être ici le cas de vous dire ce que l'on fait quand, par un gros temps, un homme tombe à la mer, alors qu'il est impossible de risquer les embarcations; on jette le plus loin possible et on laisse traîner à l'arrière du navire une bouée de sauvetage, surmontée d'une torche allumée, et garnie de vivres pour quelques jours; si le naufragé a le temps de saisir cette bouée, il est sauvé, sinon au bout de quelques instants on coupe le cable qui la retient, et on la laisse à sa disposition comme dernière mais bien faible ressource, qui ne fera probablement que prolonger son agonie.

La ville ou plutôt le bourg de Malacca où nous sommes descendus hier diffère de tout ce que j'avais vu jusqu'ici tant par le costume des habitants que par leurs coutumes moitié malaises et moitié chinoises. Sur les murailles on voit à l'extérieur des inscriptions en caractères chinois que je soupçonne tenir lieu de nos enseignes de boutique ; les reverbères en papier huilé ont la forme de poissons bizarres et d'êtres fantastiques , et sont aussi couverts d'inscriptions. Nous assistâmes par hasard aux funérailles d'un personnage important ; grand nombre de Chinois, la queue pendante , et revêtus de robes blanches en signe de deuil, se prosternaient et se relevaient en cadence devant le cercueil , en poussant à des temps marqués des cris lamentables et perçants ; puis s'arrêtant, ils prenaient sur le cercueil du thé et des gâteaux qu'ils mangeaient, apparemment pour se consoler et pour se préparer à de nouveaux accès de douleur ; avant de se séparer, il y eut en pleine rue un repas copieux , composé des mets les plus recherchés du pays.

Nous ne restâmes en rade de Malacca que vingt-quatre heures , regrettant sinon la ville qui est bien peu de chose par elle-même, mais de n'avoir pas eu plus de temps à nous pour étudier les mœurs de ses habitants, qui déjà nous donnaient comme un avant-goût des originalités chinoises.

Avant de partir , nous avons fait emplette de quelques vivres frais , de joncs et d'armes malaises.

Singapour, 3 juillet.

Arrivés ce matin à Singapour , nous y avons trouvé la correspondance de France ; pour ma part j'ai reçu deux lettres. Mais qu'est-ce que sept ou huit pages pour neuf grands mois d'absence !

Je ne vous parlerai pas de Singapour dans cette lettre qui est déjà d'une belle dimension et qui n'aurait pas de fin si je voulais vous entretenir des rêves de bonheur que je fais pour le retour.

Adieu donc, etc.

———

En mer, le 24 juillet 1844.

Le 3 juillet, nous étions en rade de Singapour, où se trouvaient une foule de vaisseaux marchands, surtout anglais, et deux corvettes de la même nation; quant aux joncques chinoises et aux bateaux malais, on aurait eu de la peine à les compter, tant le nombre en était grand; c'est vous dire que le commerce de cette ville est très-considérable. Il s'ensuit aussi que le métier de pirate est excellent dans ces mers reculées où la protection des bâtiments de guerre manque le plus souvent.

L'audace des forbans malais est extrême, vous en jugerez par ce que je vais vous raconter : Dernièrement, une corvette anglaise de vingt canons avait été expédiée pour lever la carte du détroit; son commandant se trouvait en personne dans un canot, occupé à sonder, à une distance de deux à trois milles de son navire qui était en panne ; tout à coup deux ou trois embarcations se dirigent sur lui, et croyant déjà l'avoir en leur possession, le somment de leur livrer la corvette. Le commandant, sans parlementer, se hâte de fuir ; mais serré de près, il reçoit une décharge presque à bout portant, et a les deux cuisses traversées d'une balle ; cependant il fuit toujours. A peine la corvette avait-elle reçu à bord son commandant blessé et sans connaissance, qu'une centaine de bateaux, sortant de derrière chaque pointe de rocher, se présentent à l'abordage ; c'est en vain que quelques-uns sont coulés, d'autres démontés ; ceux qui restent resserrent leurs rangs et pressent de plus en plus la corvette, qui définitivement n'a pu trouver son salut que dans la fuite.

Pour ne pas éveiller les soupçons et masquer le grand nombre d'hommes qu'ils portent à bord, ces corsaires naviguent sur de très-petits bâtiments pontés bas, mais ayant plusieurs ponts superposés et très-rapprochés, de manière à pouvoir loger une centaine d'hommes. Ils sont tous armés de fusils ; mais ce qu'il y a de plus redoutable entre leurs mains, ce sont ces fameux creps ou poignards malais dont la lame a la forme de l'épée flamboyante que l'on met à la main de l'ange chargé de la garde du paradis terrestre.

Ne nous est-il pas arrivé à nous-mêmes, pendant une nuit obscure, d'être accostés par une embarcation dont nous n'avons pu reconnaître ni la forme ni la grandeur ; évidemment ils nous prenaient pour d'autres. Quoi qu'il en soit, nous étions sur nos gardes, et lorsque déjà quelques-uns d'eux étaient occupés à grimper le long du bord, des hommes apostés et armés de piques les ont rejetés dans la mer ; puis tout disparut.

Au reste, si ce sont de redoutables brigands, on leur

fait aussi bonne guerre , et aussitôt qu'ils sont pris , ils sont bien et dûment pendus sans forme de procès.

Une petite rivière sépare en deux la ville de Singapour; d'un côté sont les Anglais , de l'autre les Chinois. Les rues sont en général étroites , tortueuses et infectes , surtout dans le quartier chinois. Cependant il y existe quelques belles rues à arceaux superposés formant galeries ; c'est là que se trouvent des artisans de toute espèce , et de nombreuses boutiques , dans l'une desquelles j'étais loin de m'attendre à trouver un recueil des lettres de Mme de Sévigné. Chaque rue possède son industrie ; là, sont les forgerons ; ici, les marchands d'étoffes, etc. Tous ces Chinois, malgré leur état d'abrutissement causé par l'opium et le bétel, sont cependant d'adroits ouvriers. Mais tout ce quartier , généralement sale et habité par des êtres dégradés , exhale une sorte d'odeur qui lui est propre et qui se communique à tout, à ce point que même parmi nos vivres arrivés de la ville , nous pouvions facilement distinguer ceux qui sortaient de ce quartier empesté.

Il existe le long de la côte une promenade où tous les soirs se réunit l'élite de la population anglaise , chinoise, malaise et indienne. De nombreux palanquins y circulent dans tous les sens ; là se trouvent confondus, pêle-mêle, à peu près tous les costumes du monde ; cependant c'est en vain qu'on y chercherait une seule beauté chinoise, malaise ou indienne , l'usage du pays voulant qu'elles restent cachées à tous les yeux. Je ne saurais mieux peindre ce trait caractéristique de leurs mœurs, qu'en disant que si on veut faire rugir de colère un homme marié , il suffit de lui dire qu'il a une jolie femme, tandis qu'au contraire, si on veut lui faire le plus gracieux compliment, il faut lui dire qu'il a des enfants charmants.

Derrière la ville , à deux milles environ, s'étend une

immense forêt, réceptacle des tigres et autres animaux féroces que le voisinage de la ville attire, et qui y viennent
de la grande terre en sautant pour ainsi dire de rochers en
rochers, à travers les îlots et les petits détroits qui sépa-
rent l'île de Singapour de la terre ferme. On y rencontre
aussi des singes et des serpents de toutes les tailles et de
toutes les couleurs. A propos de ces derniers, je vous dirai
que quelques-uns de nous avaient acheté un joli boa de
quinze pieds de long, roulé dans une cage ; mais pendant
une certaine nuit, il s'échappa et circulait librement dans
la frégate, où le lendemain chacun avait grand'peur de
faire sa rencontre ; après de minutieuses recherches, on le
trouva sous un affût de canon où on le tua, mais non sans
accident, car un matelot en fut mordu.

Avant d'arriver à Manille, j'ai encore le temps de vous
raconter la manière dont on prend certains grands oiseaux
qu'on ne rencontre qu'à une grande distance des côtes ;
ainsi, par exemple, l'albatros *se pêche* au moyen d'une
ligne traînante que la vitesse du navire fait flotter ; quand
une fois il est à bord et rendu à la liberté, il ne peut pas
en profiter, ni s'envoler à cause du peu de hauteur de ses
pattes et de ses ailes immenses. Il en est de même de presque tous les grands oiseaux de mer qui ne peuvent prendre
leur essor qu'à partir d'un lieu élevé. Quelquefois le *fou*
vient tomber à bord comme un fou qu'il est, et ne pouvant
plus s'envoler, il prend son parti en brave, et se promène
sur le pont avec gravité comme s'il faisait partie de
l'équipage ; cependant, au bout de quelques instants, le
mal de mer le prend, et c'est à mourir de rire de lui voir
faire toutes ses contorsions.

Rivière du Tigre, le 26 août.

Notre arrivée à Manille a été retardée jusqu'au 26 juillet, par des brumes constantes qui nous empêchaient de courir sur la terre, surtout pendant la nuit. Ces côtes sont très-redoutées des navigateurs pendant la mousson de sud-ouest, parce qu'alors il survient de temps en temps des coups de vent appelés typhons qui jetteraient presque infailliblement à la côte le vaisseau le plus sur ses gardes; aussi a-t-on soin de mouiller à une grande distance au large.

La ville de Manille n'est plus ce qu'elle était du temps de la prospérité de l'Espagne; cependant, c'est encore la plus belle ville que nous ayons rencontrée. Elle se partage en deux parties, la ville du commerce et la citadelle. Ses fortifications sont vastes et bien entretenues; les troupes de la garnison, en grande partie levées dans le pays même, sont nombreuses, armées et disciplinées à l'européenne. Le commerce qui s'y fait est immense. Là, comme ailleurs, les radjas ou chefs des naturels venaient à bord, accompagnés d'une suite nombreuse, souriant gracieusement au commandant qui les promenait dans sa frégate, et où on les a reçus avec de grands honneurs, chacun affectant pour eux un grand respect.

Partis de cette ville le 6 août, nous étions dès le 13 en vue de Macao; mais là comme devant Manille, nous ne pouvions sans danger approcher de terre, ni même rester mouillés à une certaine distance de la côte; c'est pourquoi nos canots n'allèrent à terre qu'une seule fois pour débarquer M. de Lagrénée et sa suite; et comme le vent commençait à fraîchir, nous nous enfonçâmes, le 26, dans le Tigre où nous sommes encore.

Là se trouvait la *Cléopâtre* qui s'y était réfugiée aussi, mais qui, moins heureuse que nous, avait été assaillie par un furieux typhon ; ses avaries avaient été considérables. Pendant cette tempête, elle avait pu sauver l'équipage d'un bâtiment anglais naufragé, dont les matelots erraient à travers les mers sur une frêle chaloupe surchargée d'hommes. Cependant la *Cléopâtre*, outre ses nombreuses avaries, avait eu aussi à regretter la perte d'un de ses matelots tombé à la mer. Ce malheureux avait pu un instant se croire sauvé, car un canot avait été mis à l'eau ; mais ce canot ayant chaviré, on eut toutes les peines du monde à retirer sains et saufs ceux qui le montaient, et il fallut bien renoncer à secourir le naufragé, auquel on laissa pour quelques jours de vivres sur une bouée de liége. Quand ces sortes d'accidents arrivent, ils font une grande impression sur tout l'équipage, chacun pouvant se dire : A demain mon tour. Et cependant ils ne se sentent pas plus portés vers la religion.

Nous sommes actuellement six bâtiments de guerre dans les eaux du Tigre ; il s'y trouve aussi une frégate américaine, amenée ici par le même motif que nous. Son traité de commerce vient d'être signé ; il est probable que le nôtre le sera aussi très-prochainement, et que les uns et les autres auront été calqués sur le traité anglais. D'après tout cela, il est probable que nous n'irons pas à Pékin, et que nous retournerons sous peu en France.

P. S. 21 septembre. On assure que le traité est signé, et que notre départ est fixé pour les premiers jours d'octobre, à moins de contre-ordre par la malle de juillet. Je crains bien que les détails que je pourrai me procurer sur Macao et Canton, ainsi que sur les entrevues de nos diplomates français et chinois, ne se réduisent à peu de chose; quels qu'ils soient, je me réserve de vous les donner de vive voix, peut-être dans quatre ou cinq mois. Il deviendrait donc inutile de m'écrire maintenant, je ne recevrais pas vos lettres.

NOTES

SUR

LES MŒURS MALAISES ET CHINOISES,

Extraites du Journal de Bord de l'Auteur de ces Lettres, à son retour.

———

RACE MALAISE.

Ces hommes à traits caractéristiques forment une race à part, toujours reconnaissable au milieu des races pacifiques et nonchalantes de l'Asie; ils sont en général de petite taille, mais d'une large carrure et fortement constitués. A les voir de près, on les juge aussitôt fourbes et féroces; leur teint est olivâtre foncé; leurs cheveux noirs et lisses sont coupés carrément sur le front. Nus jusqu'à la ceinture, il n'ont pour tout vêtement qu'une longue pièce d'étoffe roulée autour des reins et descendant jusqu'aux genoux : c'est là qu'est toujours caché un creps à lame large et tordue et ordinairement empoisonnée, dont ils se servent avec adresse pour venger la moindre injure ou obtenir le plus léger butin. Leur esprit actif et entreprenant est toujours porté à la maraude sur terre et sur mer. Quand quelqu'un leur adresse la parole, ils ont toujours par habitude la main sur leur poignard, et malheur à qui aborde sur leurs côtes inhospitalières; car s'il n'est pas le plus fort, ou s'ils ne craignent pas qu'on venge sa mort, il sera impitoyablement massacré, ou pour le moins dépouillé et mis en esclavage. Leur audace est telle qu'ils s'attaquent même aux bâtiments de guerre, et la crainte qu'ils inspirent au commerce est si grande, qu'un de leurs chefs en est arrivé à traiter de puissance en puissance avec l'Angleterre dont il reçoit un tribut. Il est vrai qu'en même temps on suspend aux vergues des vaisseaux ceux des autres pirates qui ne sont pas assez forts pour se faire respecter.

Ces peuples font un usage immodéré du bétel, qui remplace chez eux la chique de tabac, avec cette différence qu'ils le placent entre les dents et la lèvre inférieure, de laquelle dégoutte constamment de chaque côté un jus rougeâtre, couleur de sang; et comme dans la préparation qu'ils font de cette plante, il entre de la chaux vive, leurs dents sont presque toutes gâtées et rongées jusqu'à la racine; quant à celles qui leur restent, ils se font un mérite de leur couleur noire, qu'ils mettent bien au-dessus de la blancheur des nôtres, en se prévalant de cet argument sans réplique que c'est bon pour des chiens d'avoir les dents blanches.

RACE CHINOISE.

Les Chinois m'ont paru d'une haute stature, du moins dans la petite partie de l'empire que j'ai visitée; pour la plupart ils sont bien conformés; leurs yeux sont réellement inclinés et relevés dans les coins, et pour rendre cette singularité plus sensible, les élégants du pays prolongent cette légère courbure à droite et à gauche, au moyen d'un habile coup de pinceau. Les pommettes de leurs joues sont proéminentes, leurs cheveux sont aussi noirs que ceux des Malais, mais leur teint est moins cuivré; le genre de beauté qu'ils apprécient le plus, est d'avoir un riche embonpoint : tous l'ambitionnent, mais hélas! il n'est guère donné qu'aux mandarins, et ce pour cause, d'avoir un vaste abdomen.

Ils ont pour costume un large pantalon arrêté aux genoux; une sorte de camisole forme leur vêtement supérieur; leurs cheveux sont rasés, à l'exception d'une touffe tressée en forme de queue qui part du sommet de la tête; de vastes chapeaux de paille pointus par le bout leur servent de coiffure, et des bottines en étoffe leur couvrent les jambes. Le costume des femmes diffère très-peu de celui des hommes; seulement elles sont soigneusement voilées lorsqu'elles sortent de leurs maisons, ce qui est extrêmement rare et presque toujours en palanquins. On peut dire presqu'à la lettre qu'elles sont séquestrées dans leurs maisons, où elles peuvent à peine se livrer aux travaux les plus usuels du ménage, à cause de la conformation de leurs pieds qui ne leur permet de marcher qu'avec des béquilles.

Il faut vous dire que, dès qu'une fille est née, on replie les doigts de ses pieds par-dessous la plante, on ajuste le tout au moyen de bandelettes, et on les renferme dans des brodequins de fer qui, à moins d'absolue nécessité, ne doivent être détachés qu'environ quinze ans après. Or, le pied grandissant, se trouve comprimé dans cet étau et prend la forme qu'on a voulu lui donner, c'est-à-dire elle d'un pied de bouc. Cependant, comme la nature ne se prête qu'à regret à de pareils caprices, il s'ensuit que les os, en s'allongeant, se replient confusément les uns sur les autres, et par leurs croisements mal ordonnés, entretiennent pour la vie des ulcères et des plaies toujours saignantes. La femme chinoise ne peut donc se traîner que sur des béquilles : ce serait d'ailleurs un immense scandale d'en voir une seule se promener librement sur ses deux jambes. Aussi quand on sut à Canton le projet de madame de Lagrenée de visiter cette ville, la diplomatie chinoise fut en émoi, et pour en venir à ses fins, il fallut que madame de Lagrenée se déguisât en homme.

Ce peuple, adonné à l'agriculture, à la pêche et aux arts tranquilles, suit pas à pas les traces de ses ancêtres; c'est une loi de l'empire que quiconque en est sorti ne peut y rentrer, et comme d'ailleurs la Chine n'entretient de relations avec presque aucun autre peuple, il en résulte qu'elle est restée ce qu'elle a toujours été, tandis que tout grandissait autour d'elle; aussi actuellement sa faiblesse relative, qu'elle commence à comprendre, rend ses habitants lâches et criards. J'en veux citer un exemple entre mille :

Nos attachés d'ambassade s'étaient un jour aventurés en dedans des portes chinoises de Canton; à mesure qu'ils s'avançaient, la foule grossissait sur leur passage et poussait de grands cris de mort; déjà l'on se mettait en mesure de les frapper de loin avec de longs bambous, lorsqu'un des attachés sortit un pistolet de sa poche, et menaçant de faire feu, mit en déroute les assaillants; puis, croyant l'orage passé, il avait remis son pistolet dans la basque de son habit, lorsqu'un Chinois passant rapidement à côté de lui, emporta du même coup et la basque et le pistolet. Dès-lors les Chinois, croyant n'avoir plus rien à craindre, firent jouer de nouveau les bambous, quoique encore à distance respectueuse.

Nos attachés , désarmés , battaient en retraire , lorsque tout à coup ils se sentirent *bamboués* de haut en bas par des ennemis invisibles : c'étaient de nouveaux Chinois qui venaient en aide aux premiers du haut de leurs fenêtres. Les rues étant fort étroites et l'escalade impraticable, il fallut décidément accélérer le pas et vider les lieux.

Pareille chose était arrivée, peu de temps auparavant, au commandant Cécile. Comme on le voit, le contact des Européens commence à aguerrir les Chinois de Canton ; partout ailleurs ils ne seraient pas aussi osés. Et en effet , dans les autres villes où les Anglais ont accès, lorsqu'un d'eux passe dans la rue, les Chinois se serrent tous de l'autre côté, et se laissent impunément insulter et frapper, tout en saluant leurs oppresseurs jusque par terre. Pour nous, ils nous détestent un peu moins, parce qu'ils savent que nous sommes les ennemis naturels des Anglais.

On doit s'étonner en Europe que les Chinois aient offert si peu de résistance aux troupes anglaises. Cet étonnement cessera, du moins en partie, si on considère que les soldats chinois ne possèdent que de mauvais fusils à mèche qu'ils osent à peine tirer, tant ils ont peur qu'ils n'éclatent entre leurs mains ; qu'ils sont mal nourris, mal équipés, mal commandés ; qu'ils en sont encore à croire qu'ils feront fuir l'ennemi en lui présentant des monstres horribles peints sur leurs boucliers. Quand ils sont arrivés à une certaine distance, si l'ennemi tient bon, ils font quelques soubresauts, tous à la fois, en cadence, et en agitant leurs boucliers, poussant en même temps de grands cris, puis regardent encore si l'ennemi ne fuit pas ; quand aucun de ces moyens n'a pu réussir, ils se décident alors à s'enfuir eux-mêmes.

Leurs flottes ne consistent qu'en de mauvaises jonques, mâtées à peu près comme nos bateaux de rivières et incapables de résister au plus petit brick, et d'ailleurs la vue de ces immenses bateaux à vapeur que les Anglais traînent partout avec eux, était bien de nature à agir puissamment sur des esprits craintifs et supertitieux.

Leurs fortifications se composent de simples murailles, percées de trous pour recevoir des canons scellés dans la maçonnerie. Ces pièces sont d'une grosseur prodigieuse, quoique d'un petit calibre, et si mauvaise que les canonniers, après avoir chargé leurs pièces, s'enfuient au loin, tandis que l'un d'eux se blottit dans un trou pratiqué à dessein dans la muraille, pour mettre le feu, au juger, au moyen d'une longue mèche.

Lorsque les Anglais se présentèrent devant Canton, on avait fermé les sept ou huit bouches du Tigre, au moyen de jonques chargées de pierres et coulées à fond; une seule avait été exceptée parce qu'on espérait en dérober la connaissance à l'ennemi, mais un traître vendit le secret. Une frégate put parcourir cet étroit chenal et pénétrer dans Canton. Là, embossée au milieu de la ville, elle promenait sur cette malheureuse cité une pluie de boulets et de fusées à la congrève, sans que rien pût répondre à son feu. Dès lors la ruine de Canton était imminente, et il fallut se racheter de la destruction.

Si Pékin n'a pas éprouvé le même sort, il le doit à la barre de son fleuve qui ne permet à aucun navire de guerre de pénétrer dans ses eaux; sans cela, c'en était peut-être fait du Céleste-Empire. Les Anglais, avant d'y renoncer, essayèrent cependant de tous les moyens. Un de leurs pyroscaphes fut allégé et déchargé même de tout son attirail de guerre, puis lancé à toute vapeur contre la barre : c'était le sort d'une ville de plusieurs millions d'habitants qui se décidait en ce moment, car un seul navire de guerre eût probablement suffi. Mais la barre résista et Pékin fut sauvé.

La Chine m'a paru être immensément peuplée, et comme si ce n'était pas assez du sol même pour contenir cette population, elle reflue jusque sur les vastes fleuves de cet empire, où elle forme des villes entières. Là naissent, vivent et meurent des milliers et probablement des millions d'habitants dont le plus grand nombre n'aura pas mis une seule fois le pied sur la terre ferme. C'est ainsi que pendant notre séjour dans le voisinage de Canton, nous nous sommes trouvés sur le Tigre au milieu d'une ville de quatre-vingt mille âmes, avec ses rues, ses boutiques, etc.

Il est vrai que le choléra et la famine font souvent de larges trouées dans toutes ces populations. La culture du blé étant peu en usage en Chine, le riz doit suffire à tout, et comme de temps en temps cette récolte vient à manquer, faute de pluie, des provinces entières sont dépeuplées.

Pour vous donner une légère idée de la misère dont nous avons été témoins, quoique l'année 1844 n'ait point été une année de stérilité, je vous dirai que, dans les eaux du Tigre, il n'était pas rare de voir de petits enfants nouveaux-nés, descendre le cours du fleuve où on les avait jetés pour s'en débarrasser, et que des embarcations rôdaient continuellement autour de nos vaisseaux pour se disputer les sales débris de nos tables et de nos cantines : vous les eussiez vus alors s'arracher ces tristes lambeaux et les dévorer avidement. Bon Dieu, quel peuple et quelle misère !

On a beaucoup parlé du commerce de l'opium qui a été le prétexte de la dernière guerre, et on se demande comment il se fait que l'empereur de la Chine ne vienne pas à bout d'en empêcher l'introduction dans ses états, au moyen des nombreux bateaux de douane qui couvrent toutes ses côtes: voici de ce fait une explication bien simple : Le fils du ciel lui-même, qui prohibe l'opium, ne peut s'en passer, et il en est de même des mandarins, des chefs de jonques de guerre, et de tous les officiers préposés à la garde des côtes. Dès-lors on conçoit que la répression de la contrebande doit se faire mollement, et qu'avec un léger cadeau d'opium on peut en faire entrer autant qu'on veut. Quoi qu'il en soit, c'est là un des premiers éléments du commerce de Canton, commerce immense à en juger par le nombre prodigieux de bâtiments anglais, américains et hollandais qui encombrent ses ports. La France semble à peu près exclue de ce vaste marché, où deux ou trois bâtiments à peine par an viennent montrer nos couleurs (pendant notre séjour il ne s'en trouvait pas un seul); et je doute fort que notre expédition apporte un changement notable à cet état de choses; en effet, nos députés du commerce leur ont présenté de superbes armes à feu, et elles les tenteraient bien, mais une loi de l'empire défend à tout Chinois d'en posséder, et elles seraient saisies partout où on les trouverait; ils ont apporté nos belles soiries de Lyon, mais elles ne peuvent pas entrer en concurrence avec les leurs. Nous pourrions, il est vrai, leur fournir des vins fins, quoique en général le prix de revient en soit exorbitant, de l'orfèvrerie, des articles de Paris, et surtout de l'horlogerie, dont ils sont fous, mais malheureusement nos navires seraient obligés de revenir sur leur lest, puisque la plupart des produits de la Chine sont absolument prohibés en France, comme laques, soieries, ivoires travaillés, etc. Le thé, il est vrai, n'est pas compris dans cette prohibition, mais nous en faisons si peu d'usage, qu'un ou deux vaisseaux par an pourraient en fournir à la France tout autant qu'il en serait nécessaire pour sa consommation.

Dans les villes chinoises il règne une police admirable, basée d'abord sur l'emploi presque continuel du bambou, et ensuite sur ce principe fondamental que tout chef de famille est responsable des faits et gestes de ses enfants ou domestiques ; les principaux habitants d'une rue, de ce qui s'y passe ; un mandarin, de ses subordonnés ; etc. Un homme est-il trouvé mort dans une rue ou dans la campagne, la responsabilité en tombe sur celui qui se trouve le plus près du cadavre, ou au besoin sur l'habitant de la maison la plus voisine. De là chacun est intéressé à faire saisir les coupables, mais aussi le but est souvent dépassé : car dans la crainte d'une responsabilité capitale, nul ne portera du secours à un homme en danger, et l'on a vu des malheureux mourant de faim se traîner loin de leurs maisons, à la porte de ceux dont ils voulaient tirer une éclatante vengeance.

Du reste, les supplices en usage chez ce peuple sont empreints de la plus cruelle barbarie. Tel criminel, par exemple, sera coupé en cent un morceaux, en commençant par les plus petites phalanges des doigts des pieds et des mains, les oreilles, le nez, etc. Tel autre sera logé dans une étroite maçonnerie, au coin d'une rue, les mains scellées dans la muraille, et n'ayant que le tête seule de libre ; là, tant qu'il pourra vivre, il ne se nourrira que des aliments que la charité publique lui donnera en passant. Mais je m'arrête, parce que je m'aperçois que mon sujet m'emporte au-delà de ce que comportent ces simples notes.

COLONIE ESPAGNOLE DE MANILLE.

Cette puissante colonie ne paye pas d'impôts réguliers à l'Espagne ; seulement, quand la cour de Madrid lui demande de l'argent, son gouvernement particulier se rassemble et décide ce que l'on doit donner, ou même si on ne donnera rien du tout. Rarement la métropole se

montre exigeante, car elle n'ignore pas que Manille aspire
à être indépendante, et le sera quand elle le voudra. Que
lui manque-t-il en effet ? Elle a un gouvernement national,
de puissantes richesses, une armée bien organisée, armée,
équipée et disciplinée à l'européenne, se recrutant dans le
pays même ; une capitale populeuse, centre d'un grand
commerce et fortifiée par l'art et la nature ; et par-dessus
tout, la faiblesse et les déchirements intérieurs de la mère-
patrie. Le port de Manille est defendu par une barre qui empêche l'approche des bâtiments de guerre, et par conséquent
on ne pourrait espérer de réduire cette ville qu'en opérant
un débaquement difficile et en suivant toutes les phases
d'un siége long et régulier. D'ailléurs d'imposantes fortifications et de larges fossés toujours remplis d'eau défendent
la place. Sur ces fossés ainsi que sur la rivière qui partage
la ville en deux, sont jetés de fort beaux ponts en pierre,
dont l'arche du milieu est en bois, dans le double but de
faciliter le passage des bateaux, et de pouvoir, au moyen
d'un léger sacrifice, intercepter toute espèce de communi-
cation avec l'extérieur.

Une des principales branches du commerce de Manille
consiste en ses fabriques de cigares, dont le gouvernement
français prend cette année, dit-on, pour plusieurs millions
de francs, pour aider à l'Espagne à s'acquitter de sa dette.

Les Malais se retrouvent ici comme dans toutes ces mers ;
cependant ils sont un peu plus civilisés que dans le détroit
de Malacca, quoique toujours reconnaissables par les traits
caractérisques de leur figure, leur costume et la rudesse
de leurs mœurs. Logés dans les faubourgs, ils s'y construi-
sent des cahuttes en bambous, élevées de quelques pieds
au-dessus du sol, et renferment au-dessous d'eux leurs
bestiaux et leurs volailles.

Le costume des femmes consiste en une vaste pièce

d'étoffe dans laquelle elles se drapent à partir des hanches, et en une camisole en fil d'ananas qui ne descend pas jusqu'à la ceinture.

Un des plus grands plaisirs des Malais de Manille, et leur passe-temps le plus ordinaire, est le combat des coqs. Chacun en porte un sous le bras, et quand ils se rencontrent, il se provoquent les uns les autres. On passerait difficilement une demi-heure au milieu d'eux sans assister à plusieurs de ces combats où les éperons d'acier jouent un grand rôle.

Le cimetière de la ville mérite par son originalité que j'en fasse la description. Sa forme est ovale; il est entouré d'un large mur dans l'épaisseur duquel on a ménagé trois rangées superposées de cases ayant jour sur le cimetière : c'est là qu'on dépose successivement et par ordre, les bières, à mesure qu'elles arrivent; puis les cases sont murées. Un deuxième mur ovale, moins épais que le premier, forme comme un deuxième cimetière au centre du grand, et contient un pareil aménagement pour loger les petits enfants morts avant l'âge de raison. A l'une des extrémités de cet ovale intérieur se trouve une jolie chapelle, et à l'autre extrémité, dans la muraille, un vaste réceptacle où l'on jette pêle-mêle les ossements que l'on retire successivement des cases pour faire place à de nouveaux venus. Là, tous ces débris des générations précédentes restent à découvert, tandis que le sol des deux cimetières est cultivé et forme un parterre dans toute son étendue.

COLONIE HOLLANDAISE D'ANIER ET DE BANCA.

Je n'eusse pas parlé de cette colonie, si le système de colonisation employé par la Hollande ne m'eût paru tellement bizarre et tellement éloigné de ce qui se fait dans les autres contrées de la terre, qu'il devînt intéressant d'en garder le souvenir. Le gouverneur ou résident voulut bien, lui-même, après une copieuse collation, nous expliquer tous les rouages de son gouvernement, rouages bien simples, ainsi que vous allez le voir.

Le sol appartient à l'État; nul ne peut en acheter la plus petite parcelle. Seulement on paye l'usufruit de telle ou telle maison, de tel ou tel héritage. Chaque année le résident, suivant les besoins du commerce, détermine ce que chaque contrée doit cultiver, l'une en riz, l'autre en indigo, l'autre en café, etc. Chaque village élit un syndic qui, au moment de la récolte, va débattre les intérêts de ses associés avec l'agent du gouvernement, qui seul a le droit d'acheter, et seul a le droit de fixer le prix des denrées; une fois la vente opérée, le syndic revient faire le partage du prix obtenu entre ses commettants, au marc le franc des mises, tandis que toutes les denrées de la colonie entrent dans les magasins de l'État, qui se charge ensuite de trafiquer avec l'étranger.

La population de la colonie d'Anier se compose d'environ 68,000 Javanais et 20,000 Chinois. Son commerce est très-considérable, aussi ses navires encombrent-ils les ports de Macao et de Canton; mais ce qui fait la principale richesse des Hollandais dans ces parages, ce sont les mines d'étain de Banca, colonie dépendante de celle d'Anier. On a peine à se figurer que 60,000 Chinois et 6,000 Malais soient exclusivement employés à l'exploitation de ces mines où tout se fait à force de bras et sans l'emploi d'aucunes *machineries* (c'est l'expression du résident), attendu que les ouvriers s'y refusent par cette raison que de tout temps on s'en est bien passé. D'ailleurs toute la population de Banca est consacrée à l'exploitation des mines, et pour

que rien ne puisse la détourner de cette occupation, défense expresse est faite à qui que ce soit de rien cultiver
dans l'intérieur de l'île; aussi la main-d'œuvre y est-elle
à très-bas prix.

9 782013 244510